# Remedios herbarios para el abdomen plano

## Las soluciones de medicina natural para reducir la grasa abdominal, mejorar la digestión y aliviar la hinchazón

NatureCures Press

# Tabla de contenido

# Introducción

Bienvenido a Herbal Remedies for Flat Tummy, una guía completa dedicada a explorar las soluciones de medicina natural para reducir la grasa abdominal, mejorar la digestión y aliviar la hinchazón. En esta guía, profundizaremos en la intrincada relación entre las hierbas y un abdomen saludable, con el objetivo de brindarle información valiosa sobre cómo lograr y mantener un abdomen plano a través de remedios a base de hierbas.

Un abdomen sano no sólo es estéticamente agradable sino que también es crucial para el bienestar general. La grasa abdominal, a menudo considerada rebelde, puede plantear importantes riesgos para la salud. Comprender los matices de la grasa abdominal es el primer paso hacia su reducción eficaz. Exploraremos los distintos tipos de grasa abdominal y los factores que contribuyen a su acumulación, estableciendo una comprensión fundamental de la ciencia detrás de ella.

Más allá del aspecto estético, el exceso de grasa abdominal puede provocar problemas de salud como enfermedades cardiovasculares y diabetes. Este capítulo tiene como objetivo arrojar luz sobre las implicaciones de la grasa abdominal para la salud, enfatizando la importancia de adoptar enfoques holísticos para su reducción.

## Cómo los remedios a base de hierbas pueden ayudar a lograr un abdomen plano

Las hierbas han sido parte integral de los sistemas de medicina tradicional durante siglos y ofrecen una gran cantidad de remedios naturales. En el contexto de lograr un abdomen plano, es esencial comprender cómo las hierbas pueden desempeñar un papel fundamental. Discutiremos la ciencia detrás de los remedios a base de hierbas y exploraremos cómo ciertas hierbas apoyan la digestión, estimulan el metabolismo y contribuyen a la pérdida de peso.

Las hierbas poseen una variedad de propiedades que pueden ayudar a abordar las causas fundamentales de la grasa abdominal, ya sea una digestión lenta, desequilibrios hormonales o inflamación. Este capítulo proporcionará un examen detallado de las formas específicas en que los remedios a base de hierbas interactúan con el cuerpo para promover un abdomen más saludable.

# Capítulo 1

# La ciencia detrás de la grasa abdominal

La grasa abdominal, científicamente conocida como grasa visceral, es un aspecto complejo y dinámico de la fisiología humana que se extiende más allá de su manifestación visual. Comprender la ciencia detrás de la grasa abdominal es fundamental para formular estrategias efectivas para reducirla y mejorar la salud general.

## Explorando los diferentes tipos de grasa abdominal

La grasa abdominal, científicamente conocida como grasa visceral, es un aspecto complejo y dinámico de la fisiología humana que se extiende más allá de su manifestación visual. Comprender la ciencia detrás de la grasa abdominal es fundamental para formular estrategias efectivas para reducirla y mejorar la salud general.

La grasa visceral no es una entidad uniforme; más bien, consta de diferentes tipos con características e implicaciones únicas para la salud. La grasa subcutánea, el tejido adiposo debajo de la piel, se diferencia de la grasa visceral, que rodea los órganos internos. Si bien la grasa subcutánea tiene funciones como aislamiento y almacenamiento de energía, la grasa visceral plantea riesgos para la salud más importantes debido a su proximidad a órganos vitales.

Dentro del ámbito de la grasa visceral, existen distintos compartimentos. Algunas personas pueden acumular predominantemente grasa alrededor del hígado, conocida como grasa hepática, mientras que otras pueden tener una mayor concentración alrededor de los intestinos, conocida como grasa de epiplón. Comprender estos matices es crucial ya que la distribución de la grasa puede influir en los resultados de salud de manera diferente.

Las investigaciones indican que la grasa visceral es metabólicamente activa y produce hormonas y citocinas que pueden afectar diversas funciones corporales. Por ejemplo, secreta adiponectina, una hormona asociada con la sensibilidad a la insulina, pero también libera sustancias inflamatorias. Esta interacción dinámica subraya la necesidad de un enfoque matizado al abordar los diferentes tipos de grasa abdominal.

Además, la diferente distribución de la grasa en diferentes individuos puede verse influenciada por factores genéticos. Comprender estas predisposiciones genéticas arroja luz sobre por qué algunas personas pueden ser más propensas a acumular grasa visceral que otras. Esta exploración de los diferentes tipos de grasa abdominal proporciona una comprensión fundamental de las complejidades involucradas, allanando el camino para enfoques específicos para su reducción.

## Comprender los factores que contribuyen a la acumulación de grasa abdominal

La acumulación de grasa abdominal es un fenómeno multifacético influenciado por una multitud de factores que van más allá del mero desequilibrio calórico. La predisposición genética, las elecciones de estilo de vida, las fluctuaciones hormonales y los cambios relacionados con la edad desempeñan un papel importante en el desarrollo del exceso de grasa abdominal.

La genética, en particular, puede ejercer una influencia sustancial sobre la propensión de un individuo a acumular grasa abdominal. La investigación ha identificado marcadores genéticos específicos asociados con la obesidad abdominal, lo que arroja luz sobre por qué algunas personas pueden estar más predispuestas a almacenar grasa alrededor de la sección media. Reconocer estos factores genéticos es crucial para desarrollar estrategias personalizadas para reducir la grasa abdominal.

Las elecciones de estilo de vida, que abarcan hábitos dietéticos y niveles de actividad física, contribuyen de manera fundamental a la acumulación de grasa abdominal. Una dieta rica en azúcares refinados y grasas saturadas, junto con un estilo de vida sedentario, crea un entorno propicio para el almacenamiento de grasa, especialmente alrededor de la región abdominal. Comprender el impacto de estas elecciones de estilo de vida subraya la importancia de intervenciones integrales que aborden tanto los patrones de dieta como de ejercicio.

Las fluctuaciones hormonales desempeñan un papel importante en la acumulación de grasa abdominal, siendo los desequilibrios en los niveles de insulina y cortisol los principales contribuyentes. La resistencia a la insulina, a menudo asociada con una dieta rica en alimentos procesados, puede provocar un mayor almacenamiento de grasa alrededor del abdomen. Los niveles elevados de cortisol, una respuesta al estrés crónico, pueden exacerbar aún más este problema al promover la deposición de grasa en el área abdominal.

Los cambios en el metabolismo relacionados con la edad también contribuyen a la acumulación de grasa abdominal. A medida que las personas envejecen, tiende a haber una disminución de la masa muscular, lo que lleva a una disminución de la tasa metabólica basal. Esto hace que sea más fácil ganar peso, especialmente alrededor del área abdominal, y más difícil perderlo. Comprender el impacto de la edad en el metabolismo proporciona información sobre los desafíos que pueden surgir al abordar la grasa abdominal a medida que las personas envejecen.

En esencia, comprender los diversos factores que contribuyen a la acumulación de grasa abdominal es fundamental para desarrollar estrategias efectivas y específicas para su reducción. Al reconocer el papel de la genética, las elecciones de estilo de vida, los desequilibrios hormonales y los cambios relacionados con la edad, las personas pueden adaptar sus enfoques para abordar los factores específicos que influyen en su grasa abdominal.

## Importancia de un enfoque holístico para la reducción de la grasa abdominal

Abordar la reducción de la grasa abdominal de manera integral implica reconocer la naturaleza interconectada de varios factores que influyen en su acumulación y adoptar cambios integrales en el estilo de vida. Centrarse únicamente en intervenciones aisladas, como dietas estrictas o ejercicios específicos, a menudo produce un éxito limitado y no aborda los problemas subyacentes que contribuyen a la acumulación de grasa abdominal.

Un enfoque holístico considera los aspectos multifacéticos de la vida de un individuo que contribuyen a la acumulación de grasa abdominal, enfatizando la integración de modificaciones en la dieta, actividad física regular, manejo del estrés y sueño adecuado. Este enfoque reconoce que una reducción eficaz de la grasa abdominal requiere una combinación de intervenciones que aborden colectivamente las causas fundamentales.

La dieta juega un papel fundamental en cualquier enfoque holístico para la reducción de la grasa abdominal. Hacer hincapié en los alimentos integrales, incorporar una variedad de frutas y verduras ricas en nutrientes y optar por fuentes de proteínas magras contribuyen a una dieta equilibrada y solidaria. La inclusión de fibra dietética ayuda a la digestión y promueve la sensación de saciedad, reduciendo la probabilidad de comer en exceso.

La actividad física regular es la piedra angular de la reducción integral de la grasa abdominal. Tanto los ejercicios aeróbicos, como correr o nadar, como los ejercicios de entrenamiento de fuerza contribuyen a la quema de calorías y a la mejora metabólica. Además, el entrenamiento de fuerza ayuda a desarrollar masa muscular, lo que puede impactar positivamente el metabolismo y contribuir a la pérdida de grasa visceral.

El manejo del estrés a menudo se subestima, pero es un componente crucial de la reducción integral de la grasa abdominal. El estrés crónico puede provocar niveles elevados de cortisol, lo que promueve el almacenamiento de grasa, especialmente alrededor del área abdominal. Incorporar actividades reductoras del estrés, como la meditación, el yoga o prácticas de mindfulness, ayuda a regular los niveles de cortisol y mitigar el impacto del estrés en la acumulación de grasa abdominal.

Dormir lo suficiente es un aspecto fundamental, pero a menudo pasado por alto, de un enfoque holístico para la reducción de la grasa abdominal. El sueño influye en el equilibrio hormonal, particularmente en la regulación de las hormonas del apetito como la leptina y la grelina. La falta de sueño puede alterar estas hormonas, lo que provoca un aumento de los antojos y de comer en exceso, lo que contribuye a la acumulación de grasa abdominal.

# Capitulo 2

# Hierbas para la salud digestiva

Las hierbas han sido veneradas durante siglos por sus propiedades terapéuticas y, cuando se trata de la salud digestiva, su papel es particularmente notable.

## Descripción general de las hierbas que favorecen la digestión

Las hierbas han sido reconocidas desde hace mucho tiempo por su potencial para promover la salud digestiva. Una gran cantidad de hierbas cuentan con propiedades que ayudan en el proceso de digestión, abordando problemas comunes como la hinchazón, la indigestión y la digestión lenta. Un grupo notable de hierbas digestivas incluye los carminativos, que son conocidos por su capacidad para aliviar los gases y la hinchazón.

Entre las hierbas digestivas destacadas se encuentra la menta, famosa por su efecto calmante sobre el tracto gastrointestinal. El compuesto activo de la menta, el mentol, ayuda a relajar los músculos del tracto gastrointestinal, aliviando los síntomas de la indigestión. Además, se sabe que el jengibre, con sus propiedades antiinflamatorias y contra las náuseas, favorece la digestión al promover el flujo de jugos digestivos.

El hinojo, una hierba aromática con un suave sabor a regaliz, es otra potencia digestiva. Sus propiedades carminativas ayudan a calmar el tracto digestivo y reducir la hinchazón. La manzanilla, que a menudo se consume como té calmante, posee propiedades antiinflamatorias que contribuyen a sus beneficios digestivos. Estas hierbas, entre otras, contribuyen colectivamente a un enfoque holístico de la salud digestiva.

Comprender los mecanismos por los cuales estas hierbas favorecen la digestión proporciona información sobre sus aplicaciones terapéuticas. Desde promover la secreción de enzimas digestivas hasta relajar los músculos del tracto digestivo, estas hierbas actúan sinérgicamente para mejorar la función digestiva general. Esta descripción general prepara el escenario para una exploración más profunda de las formas específicas en que se pueden aprovechar las hierbas para el bienestar digestivo.

## Tés de hierbas para mejorar la digestión

Los tés de hierbas se destacan como una forma deliciosa y accesible de incorporar hierbas digestivas a la rutina y, al mismo tiempo, brindar una experiencia reconfortante y calmante. Varios tés de hierbas han sido venerados por sus beneficios digestivos, ofreciendo una forma natural y agradable de apoyar los intrincados procesos de la digestión.

El té de menta, derivado de las hojas de la planta de menta, es muy famoso por su capacidad para aliviar las molestias digestivas. El mentol de la menta no sólo relaja los músculos del tracto gastrointestinal sino que también ayuda a aliviar los síntomas del síndrome del intestino irritable (SII). Beber una taza caliente de té de menta después de una comida puede proporcionar un impulso digestivo suave pero eficaz.

El té de manzanilla, derivado de las flores de la planta de manzanilla, es conocido por sus propiedades antiinflamatorias y calmantes. Más allá de promover la relajación y reducir el estrés, el té de manzanilla puede aliviar la indigestión y la hinchazón. Su naturaleza suave lo convierte en una opción adecuada para personas con sistemas digestivos sensibles.

El té de jengibre, elaborado a partir del rizoma de la planta de jengibre, es una opción picante y vigorizante para favorecer la digestión. El gingerol, el compuesto activo del jengibre, posee propiedades antiinflamatorias y contra las náuseas. El té de jengibre puede estimular el proceso digestivo, lo que lo hace particularmente beneficioso para quienes experimentan una digestión lenta.

El té de hinojo, elaborado a partir de semillas de hinojo, es otra infusión de hierbas con notables beneficios digestivos. Sus propiedades carminativas ayudan a aliviar la hinchazón y los gases, lo que la convierte en una opción ideal para quienes buscan comodidad digestiva. El sabor ligeramente dulce y aromático del té de hinojo añade un toque delicioso a la experiencia general.

El propio acto de beber infusiones contribuye al bienestar digestivo. El calor del té puede tener un efecto calmante en el tracto digestivo, promoviendo la relajación y ayudando en el proceso general de la digestión. El aspecto ritual de disfrutar de una taza de té de hierbas también añade un elemento consciente a la experiencia, animando a las personas a saborear el momento y estar presentes en sus procesos digestivos.

## Incorporar hierbas digestivas a la rutina diaria

La incorporación de hierbas digestivas a las rutinas diarias va más allá del ámbito de los tés y ofrece formas diversas y creativas de aprovechar sus beneficios. Desde aplicaciones culinarias hasta suplementos a base de hierbas, existen numerosas vías para que las personas integren perfectamente las hierbas digestivas en sus estilos de vida.

En el ámbito de la exploración culinaria, hierbas como la albahaca, el cilantro y el eneldo no sólo mejoran los perfiles de sabor de los platos sino que también contribuyen a la salud digestiva. Estas hierbas poseen propiedades carminativas, que ayudan en la digestión de las grasas y promueven el confort digestivo general. La incorporación de hierbas frescas en ensaladas, sopas y diversos platos no sólo mejora las experiencias culinarias sino que también añade un impulso nutricional y digestivo.

Para quienes buscan comodidad, los suplementos a base de hierbas brindan una forma concentrada y potente de apoyo digestivo. Los suplementos de enzimas digestivas, que a menudo contienen hierbas como el jengibre y la menta, pueden ayudar al cuerpo a descomponer y absorber los nutrientes de manera más eficiente. Estos suplementos son particularmente beneficiosos para personas con afecciones como insuficiencia pancreática u otros trastornos digestivos.

Los aceites esenciales extraídos de hierbas digestivas abren otra vía para el uso diario. Agregar una gota de aceite esencial de menta a un vaso de agua o inhalar su aroma puede ofrecer un alivio rápido de la indigestión. De manera similar, el aceite esencial de jengibre, conocido por sus propiedades cálidas y calmantes, se puede diluir y aplicar tópicamente en el abdomen para brindar comodidad digestiva.

En el contexto del bienestar holístico, la incorporación de prácticas de atención plena en las rutinas diarias complementa los beneficios digestivos de las hierbas. Prácticas como la alimentación consciente, en la que las personas saborean cada bocado y prestan atención a la experiencia sensorial de los alimentos, contribuyen a una digestión óptima. Las prácticas conscientes no sólo fomentan una conexión más profunda con el acto de comer, sino que también promueven un estado de relajación propicio para los procesos digestivos.

# Capítulo 3

# Remedios herbarios para reducir la grasa del vientre

## Papel de las hierbas en el impulso del metabolismo

La intrincada relación entre las hierbas y el metabolismo se reconoce desde hace mucho tiempo, y en la búsqueda de la reducción de la grasa abdominal, comprender el papel de las hierbas en el impulso del metabolismo se vuelve fundamental. El metabolismo, el complejo conjunto de procesos bioquímicos que convierten los alimentos en energía, desempeña un papel central en la determinación de la eficiencia con la que el cuerpo utiliza las calorías. Las hierbas, con su amplia gama de compuestos bioactivos, pueden influir y mejorar las funciones metabólicas.

Varias hierbas son reconocidas por su capacidad para estimular la tasa metabólica y promover el gasto de calorías. Una de esas hierbas es el té verde, famoso por su alto contenido de catequinas, en particular galato de epigalocatequina (EGCG). Las investigaciones sugieren que el EGCG puede elevar el metabolismo, aumentando la velocidad a la que el cuerpo quema calorías. Incorporar el té verde a la rutina, ya sea a través de la elaboración tradicional o como suplemento, puede ser un paso estratégico para apoyar los procesos metabólicos.

La pimienta de cayena, conocida por su toque picante, contiene capsaicina, un compuesto relacionado con efectos estimulantes del metabolismo. Se ha descubierto que la capsaicina aumenta la termogénesis, donde el cuerpo genera calor y gasta energía. Al incorporar pimienta de cayena en las comidas u optar por suplementos, las personas pueden aprovechar sus propiedades estimulantes del metabolismo para ayudar a reducir la grasa abdominal.

El jengibre, más allá de sus beneficios digestivos, también se ha asociado con un impacto positivo en el metabolismo. El gingerol, el compuesto activo del jengibre, exhibe propiedades termogénicas que contribuyen a aumentar la quema de calorías. Ya sea que se consuma en té, se agregue a los platos o se tome como suplemento, el jengibre es una hierba versátil que puede respaldar las funciones metabólicas.

Además, las hierbas como la canela se han relacionado con una mejor sensibilidad a la insulina, lo que influye en la forma en que el cuerpo procesa los azúcares y gestiona los niveles de glucosa en sangre. Al mejorar la sensibilidad a la insulina, la canela puede contribuir a una mejor regulación metabólica, influyendo potencialmente en la capacidad del cuerpo para almacenar y utilizar grasas. Incluir canela en las dietas, ya sea en recetas o espolvoreada sobre bebidas, ofrece una opción sabrosa y estimulante del metabolismo.

El papel de las hierbas en el impulso del metabolismo se extiende más allá de los componentes individuales; abarca la sinergia de varios compuestos que trabajan en conjunto. Las hierbas proporcionan un enfoque holístico del metabolismo, influyendo en factores como la termogénesis, la sensibilidad a la insulina y la distribución de nutrientes. Comprender los mecanismos específicos por los cuales las hierbas contribuyen a las funciones metabólicas permite a las personas diseñar estrategias efectivas para reducir la grasa abdominal.

## Suplementos a base de hierbas para ayudar a perder peso

El ámbito de la pérdida de peso ha experimentado un aumento en el interés en torno a los suplementos a base de hierbas, a medida que las personas buscan enfoques naturales y holísticos para deshacerse del exceso de peso. Los suplementos a base de hierbas, derivados de una variedad de plantas y productos botánicos, ofrecen una amplia gama de compuestos que potencialmente pueden respaldar los esfuerzos de pérdida de peso. Comprender el papel de los suplementos a base de hierbas para ayudar a perder peso implica explorar sus mecanismos, beneficios potenciales y consideraciones para un uso seguro y eficaz.

Un suplemento herbario notable que ha ganado mucha atención es la Garcinia Cambogia. Extraído de la cáscara de la fruta Garcinia Cambogia, este suplemento contiene ácido hidroxicítrico (HCA), que se cree que inhibe una enzima que desempeña un papel en el almacenamiento de grasa. Algunos estudios sugieren que la Garcinia Cambogia puede contribuir a una pérdida de peso modesta cuando se combina con una dieta saludable y ejercicio. Sin embargo, es fundamental tener en cuenta que las respuestas individuales a este suplemento pueden variar y su eficacia sigue siendo un tema de investigación en curso.

El extracto de grano de café verde es otro suplemento a base de hierbas que ha despertado interés en el ámbito de la pérdida de peso. Los granos de café verdes, antes de pasar por el proceso de tostado, contienen ácido clorogénico, que se cree que tiene efectos potenciales sobre el metabolismo y la absorción de grasas. Si bien algunos estudios sugieren una modesta reducción del peso corporal con el extracto de grano de café verde, se necesita más investigación para comprender completamente sus efectos a largo plazo y su uso óptimo.

Se han investigado ciertas hierbas, como la forskolina, derivada de las raíces de la planta india Coleus, por su posible impacto en la pérdida de peso. Se cree que la forskolina estimula la producción de AMPc, una molécula que desempeña un papel en la señalización celular. Algunos estudios sugieren que la forskolina puede ayudar a promover la descomposición de las grasas almacenadas. Sin embargo, la investigación sobre la forskolina aún se encuentra en sus primeras etapas y se necesita más evidencia para establecer su eficacia y seguridad para perder peso.

Además de los extractos de hierbas específicos, en el mercado se han vuelto frecuentes las mezclas de hierbas formuladas para bajar de peso. Estas mezclas suelen combinar una variedad de hierbas conocidas por su impacto potencial sobre el metabolismo, la regulación del apetito y el metabolismo de las grasas. En estas formulaciones se pueden combinar ingredientes como extracto de té verde, garcinia cambogia y pimienta de cayena para crear un efecto sinérgico, con el objetivo de abordar múltiples aspectos de la pérdida de peso.

Es importante abordar los suplementos a base de hierbas para bajar de peso con una mentalidad exigente. Si bien algunas hierbas pueden resultar prometedoras para respaldar los objetivos de pérdida de peso, no son una solución mágica. La pérdida de peso sigue siendo una interacción compleja de varios factores, incluida la dieta, la actividad física y el estilo de vida en general. Los suplementos a base de hierbas deben complementar un enfoque holístico para el control del peso en lugar de servir como una solución independiente.

Además, la calidad y pureza de los suplementos a base de hierbas desempeñan un papel crucial en su eficacia y seguridad. Elegir marcas de buena reputación, consultar con profesionales de la salud y ser consciente de los posibles efectos secundarios son consideraciones esenciales al incorporar suplementos a base de hierbas en el régimen de pérdida de peso. Como cualquier suplemento, las formulaciones a base de hierbas deben abordarse con precaución, especialmente para personas con problemas de salud subyacentes o que toman medicamentos.

## Creación de mezclas de hierbas para reducir la grasa del vientre

El arte de la herboristería se extiende más allá de las hierbas y suplementos individuales; abarca la combinación armoniosa de diversos ingredientes botánicos para crear combinaciones de hierbas diseñadas para propósitos específicos. En el contexto de la reducción de la grasa abdominal, la elaboración de mezclas de hierbas se convierte en un esfuerzo creativo y lleno de matices. Este capítulo explora los principios detrás de la creación de mezclas de hierbas para la reducción específica de grasa, la sinergia de hierbas clave y consejos prácticos para incorporar estas mezclas en las rutinas diarias.

## Principios detrás de la creación de mezclas de hierbas

La creación de mezclas de hierbas eficaces para reducir la grasa abdominal implica una consideración cuidadosa de las propiedades y sinergias de las hierbas individuales. Cada hierba aporta compuestos y beneficios únicos y, cuando se combinan estratégicamente, pueden crear una mezcla que aborda múltiples aspectos del metabolismo de las grasas y el bienestar general.

Un principio fundamental es comprender las propiedades termogénicas de determinadas hierbas. Hierbas como la pimienta de cayena y el jengibre, conocidas por su capacidad para generar calor en el cuerpo, pueden contribuir a aumentar el gasto calórico. La incorporación de estas hierbas termogénicas en mezclas puede ayudar al cuerpo a quemar calorías adicionales, lo que podría ayudar a reducir la grasa almacenada.

Otro principio gira en torno a las hierbas que apoyan la digestión y las funciones metabólicas. Hierbas como el diente de león, el hinojo y la menta pueden ayudar a optimizar la digestión, asegurando que el cuerpo absorba y utilice eficazmente los nutrientes. Un sistema digestivo que funcione bien es esencial para la salud en general y desempeña un papel crucial en la capacidad del cuerpo para controlar el peso.

Además, puede resultar beneficioso incorporar hierbas con propiedades adaptógenas en las mezclas. Los adaptógenos, como la rodiola y la albahaca santa, ayudan al cuerpo a adaptarse al estrés y a mantener el equilibrio. El manejo del estrés es un aspecto crucial de la reducción de la grasa abdominal, ya que el estrés crónico puede contribuir a la acumulación de grasa visceral. Las mezclas que incluyen hierbas adaptógenas tienen como objetivo promover el bienestar general y la resiliencia frente a los factores estresantes.

Comprender los perfiles de sabor de las hierbas también es clave para crear mezclas que sean agradables y apetecibles. Mezclar hierbas amargas como el diente de león con hierbas aromáticas y calmantes como la manzanilla puede dar como resultado un perfil de sabor completo que no solo favorece la digestión sino que también hace que la mezcla de hierbas sea más atractiva para el paladar.

## Sinergia de hierbas clave en mezclas para reducir la grasa abdominal

La sinergia es la magia que ocurre cuando varias hierbas trabajan juntas, mejorando las propiedades de cada una y creando un efecto más potente que el de las hierbas individuales por sí solas. En el contexto de la reducción de la grasa abdominal, ciertas hierbas clave exhiben una sinergia notable cuando se combinan cuidadosamente.

El té verde, conocido por sus propiedades estimulantes del metabolismo, puede ser la piedra angular de las mezclas para reducir la grasa abdominal. Su alto contenido de catequinas, particularmente EGCG, complementa los efectos termogénicos de hierbas como la pimienta de cayena. La mezcla de té verde con menta y jengibre no solo crea una infusión sabrosa sino que también combina hierbas que favorecen la digestión y mejoran el impacto metabólico general de la mezcla.

El diente de león y el hinojo, ambos conocidos por sus beneficios digestivos, combinan bien en mezclas para reducir la grasa abdominal. Los compuestos amargos del diente de león estimulan la digestión y la función hepática, mientras que las propiedades carminativas del hinojo ayudan a aliviar la hinchazón. La combinación de estas hierbas con un toque de bálsamo de limón o menta puede dar como resultado una mezcla refrescante que favorece el confort digestivo.

La cúrcuma, con su compuesto activo curcumina, es famosa por sus propiedades antiinflamatorias. Incluir cúrcuma en las mezclas para reducir la grasa abdominal contribuye no sólo a reducir la inflamación sino también a la salud metabólica general. Combinar la cúrcuma con pimienta negra, que mejora la absorción de la curcumina, crea un dúo dinámico en mezclas de hierbas.

La canela, conocida por su potencial para mejorar la sensibilidad a la insulina, puede complementar los efectos de hierbas como la gymnema sylvestre en mezclas destinadas a equilibrar los niveles de azúcar en sangre. Gymnema sylvestre es una hierba utilizada tradicionalmente para apoyar el metabolismo saludable de la glucosa. La combinación de estas hierbas con las cálidas notas de jengibre y un toque de regaliz crea una infusión de hierbas bien equilibrada y solidaria.

La albahaca santa, una hierba adaptógena, puede mejorar las propiedades para aliviar el estrés de las mezclas destinadas a reducir la grasa abdominal. La combinación de albahaca santa con hierbas calmantes como la manzanilla o la lavanda crea una mezcla que no solo apoya el manejo del estrés sino que también contribuye al bienestar general.

## Consejos prácticos para incorporar mezclas de hierbas en las rutinas diarias

Crear mezclas de hierbas para reducir la grasa abdominal no solo consiste en seleccionar las hierbas adecuadas, sino también en integrar perfectamente estas mezclas en las rutinas diarias. La practicidad y la coherencia son claves para aprovechar los beneficios potenciales de las infusiones de hierbas. A continuación se ofrecen algunos consejos prácticos para incorporar mezclas de hierbas en la vida diaria:

Rituales matutinos: comience el día con una mezcla de hierbas que estimula el metabolismo. Una combinación de té verde, pimienta de cayena y un toque de limón puede crear una infusión vigorizante para acelerar el metabolismo. Disfrútalo como parte de tus rituales matutinos para establecer un tono positivo para el día.

Apoyo digestivo al mediodía: considere una mezcla de hierbas al mediodía que favorezca la digestión y alivie cualquier hinchazón o malestar. El diente de león, el hinojo y la menta forman un trío excelente para una infusión refrescante y digestiva. Beba después de las comidas para ayudar a la digestión.

Estimulante por la tarde: combate la fatiga y los antojos de la tarde con una mezcla que incluye hierbas adaptógenas como la albahaca santa o la rodiola. Agregar un toque de canela puede contribuir al equilibrio del azúcar en sangre. Este estimulante de la tarde puede proporcionar un impulso de energía natural y ayudar a controlar el estrés.

Relajación nocturna: relájese por la noche con una relajante mezcla de hierbas. La manzanilla, la lavanda y la cúrcuma crean una infusión calmante que no solo promueve la relajación sino que también apoya las funciones antiinflamatorias y metabólicas. Incorpora esta mezcla a tu rutina nocturna para indicarle al cuerpo que es hora de relajarse.

La consistencia es clave: para experimentar los beneficios potenciales de las mezclas de hierbas para reducir la grasa abdominal, la consistencia es crucial. Haga de las infusiones de hierbas una parte habitual de su rutina, ajustando las mezclas según sus preferencias y necesidades. Ya sea una taza caliente por la mañana o una refrescante infusión helada por la tarde, encuentre lo que funcione mejor para usted.

Experimente y personalice: la herboristería es un arte y las preferencias personales juegan un papel importante. Siéntete libre de experimentar con diferentes hierbas, proporciones y combinaciones de sabores para adaptar las mezclas a tu gusto. Considere consultar con herbolarios o profesionales de la salud para obtener orientación personalizada

basada en sus objetivos de salud y necesidades
individuales.

# Capítulo 4

# Aliviar la hinchazón de forma natural

## Comprender las causas de la hinchazón

La hinchazón, una sensación común y a menudo incómoda, puede deberse a diversos factores. Comprender las causas de la hinchazón es esencial para implementar estrategias efectivas para aliviar esta condición de forma natural. Uno de los principales contribuyentes a la hinchazón es la acumulación de gas en el sistema digestivo. Esto puede ocurrir debido a la fermentación de alimentos no digeridos en el colon, lo que lleva a la producción de gases como metano e hidrógeno. Además, tragar aire mientras se come o bebe, a menudo sin querer, contribuye a la presencia de gases en el tracto digestivo.

Ciertos alimentos son conocidos por causar hinchazón, siendo los principales culpables las verduras crucíferas, los frijoles y las bebidas carbonatadas. Estos alimentos contienen carbohidratos complejos y fibras que pueden resultar difíciles de digerir por completo, lo que provoca la producción de gases. Las personas con intolerancia a la lactosa pueden experimentar hinchazón al consumir productos lácteos, ya que sus cuerpos carecen de la enzima necesaria para descomponer la lactosa.

Los trastornos digestivos como el síndrome del intestino irritable (SII) y la enfermedad inflamatoria intestinal (EII) también pueden contribuir a la hinchazón crónica. En el SII, las contracciones irregulares de los músculos intestinales pueden provocar acumulación de gases e hinchazón. En la EII, la inflamación del tracto digestivo puede provocar cambios en los hábitos intestinales y malestar abdominal, incluida hinchazón.

Además, las fluctuaciones hormonales, especialmente en las mujeres durante la menstruación o el embarazo, pueden influir en la retención de líquidos y contribuir a la hinchazón. El estrés, un factor omnipresente en los estilos de vida modernos, puede afectar la digestión al alterar el movimiento del tracto digestivo y promover la hinchazón. Comprender los diversos factores que contribuyen a la hinchazón prepara el escenario para explorar remedios naturales dirigidos a causas específicas.

## Hierbas para aliviar la hinchazón

Las hierbas han sido valoradas durante mucho tiempo por su capacidad para brindar un alivio natural de diversas dolencias, y la hinchazón no es una excepción. La incorporación de hierbas específicas a la rutina puede ayudar a abordar las causas subyacentes de la hinchazón y promover el confort digestivo.

La menta, con su compuesto mentol, se destaca como una hierba potente para aliviar la hinchazón. Se ha demostrado que relaja los músculos del tracto gastrointestinal, reduciendo los espasmos y aliviando los síntomas de indigestión e hinchazón. El té de menta, en particular, es una forma popular y relajante de aprovechar los beneficios digestivos de esta hierba.

El jengibre, conocido por sus propiedades antiinflamatorias y digestivas, es otro aliado herbario para aliviar la hinchazón. El jengibre puede ayudar a estimular el proceso digestivo, aliviar los gases y reducir la hinchazón. Ya sea que se consuma en té, se agregue a las comidas o se tome en forma de suplemento, el jengibre ofrece una opción versátil y eficaz para promover el bienestar digestivo.

El hinojo, una hierba aromática con un suave sabor a regaliz, se ha utilizado tradicionalmente para aliviar las molestias digestivas y la hinchazón. Las semillas de hinojo contienen compuestos con propiedades carminativas, que ayudan a relajar el tracto digestivo y reducir los gases. El té de hinojo, elaborado a partir de las semillas, es un remedio suave y sabroso para la hinchazón.

La manzanilla, conocida por sus efectos calmantes y antiinflamatorios, puede contribuir a aliviar la hinchazón al calmar el sistema digestivo. El té de manzanilla, disfrutado tibio o helado, proporciona no sólo una bebida deliciosa sino también un remedio natural para las molestias digestivas.

La canela, con su sabor dulce y cálido, se ha asociado con la reducción de la hinchazón al promover una digestión saludable. La canela puede ayudar a regular los niveles de azúcar en sangre, previniendo potencialmente los picos y caídas que contribuyen a la hinchazón. Incorporar canela en mezclas de hierbas o espolvorearla sobre los alimentos puede ser una forma agradable de beneficiarse de su apoyo digestivo.

Estas hierbas, entre otras, ofrecen un enfoque holístico para aliviar la hinchazón al abordar diversos factores que contribuyen al malestar digestivo. Sus propiedades naturales brindan soluciones suaves pero efectivas, lo que las hace adecuadas para el uso regular como parte de un enfoque integral para la salud digestiva.

## Infusiones de hierbas para un estómago más plano

Las infusiones de hierbas, elaboradas a partir de una combinación de hierbas que alivian la hinchazón, ofrecen una forma sabrosa e hidratante de aliviar la hinchazón y promover un estómago más plano. La creación de infusiones de hierbas implica remojar las hierbas en agua caliente, lo que permite que sus compuestos beneficiosos se liberen y se infundan en el líquido. A continuación te presentamos algunas infusiones de hierbas que pueden contribuir a un vientre más plano:

- **Infusión de menta y jengibre:** La combinación de menta y jengibre en una infusión de hierbas crea una mezcla dinámica que combate la hinchazón desde múltiples ángulos. La menta ayuda a relajar los músculos del tracto digestivo, mientras que el jengibre estimula la digestión y alivia los gases. La combinación de estas hierbas proporciona una infusión refrescante y eficaz para el confort digestivo.

- **Infusión de Hinojo y Manzanilla:** La mezcla de semillas de hinojo con flores de manzanilla crea una infusión calmante que calma el sistema digestivo y reduce la hinchazón. Las propiedades carminativas del hinojo complementan los efectos antiinflamatorios de la manzanilla, haciendo de esta infusión una excelente opción para favorecer la relajación y el bienestar digestivo.

- **Infusión de Canela y Cardamomo:** La infusión de canela y cardamomo crea una mezcla cálida y aromática que no solo deleita los sentidos sino que también favorece la salud digestiva. La capacidad de la canela para regular los niveles de azúcar en sangre, junto con las propiedades carminativas del cardamomo, hacen de esta infusión una opción sabrosa para quienes buscan un remedio natural para la hinchazón.

- **Infusión de melisa y menta:** La melisa, conocida por sus efectos calmantes, se combina armoniosamente con la menta para crear una infusión que alivia las molestias digestivas y favorece la relajación. Esta infusión se puede disfrutar fría o caliente, lo que la convierte en una opción versátil para diversas preferencias y ocasiones.

- **Infusión de jengibre y cúrcuma:** La infusión de jengibre y cúrcuma reúne dos potentes hierbas con propiedades antiinflamatorias. Esta mezcla no solo ayuda a reducir la hinchazón sino que también brinda apoyo adicional para la salud digestiva y metabólica en general. Las cálidas notas del jengibre complementan el sabor terroso de la cúrcuma, creando una infusión beneficiosa y equilibrada.

La incorporación de infusiones de hierbas a la rutina diaria ofrece una forma cómoda y agradable de apoyar la salud digestiva. Estas infusiones se pueden disfrutar durante todo el día, ya sea como ritual matutino, estimulante por la tarde o bebida relajante por la noche. Experimentar con diferentes combinaciones de hierbas y encontrar sabores que resuenan con las preferencias individuales agrega una dimensión creativa al viaje hacia un estómago más plano.

# Capítulo 5

# Cambios en el estilo de vida para un abdomen plano

Lograr un abdomen plano va más allá de remedios específicos o soluciones a base de hierbas; Implica adoptar cambios holísticos en el estilo de vida que contribuyan al bienestar general.

## Importancia de la actividad física

La actividad física es una piedra angular en la búsqueda de un abdomen plano y de la salud en general. El ejercicio regular no sólo quema calorías sino que también juega un papel crucial en tonificar los músculos abdominales y reducir la grasa visceral, el tipo de grasa que se acumula alrededor de los órganos internos y contribuye a la aparición de un vientre protuberante.

Realizar ejercicios cardiovasculares, como correr, caminar a paso ligero o andar en bicicleta, eleva la frecuencia cardíaca y mejora el gasto calórico. Estas actividades no sólo contribuyen a la pérdida de peso general, sino que también apuntan específicamente a la reducción de la grasa abdominal. Además, la incorporación de ejercicios de entrenamiento de fuerza, como planchas, sentadillas y ejercicios de core, fortalece los músculos abdominales, proporcionando una sección media más firme y tonificada.

El impacto de la actividad física se extiende más allá de los cambios visibles en la composición corporal. El ejercicio estimula la liberación de endorfinas, a menudo denominadas hormonas del "bienestar", que contribuyen a mejorar el estado de ánimo y reducir el estrés. Este beneficio psicológico es parte integral de un enfoque holístico de la salud, ya que el bienestar mental está entrelazado con el bienestar físico.

La constancia es clave cuando se trata de actividad física. Establecer una rutina que incluya una combinación de ejercicios cardiovasculares y de fuerza, adaptados a los niveles y preferencias individuales de condición física, garantiza un enfoque sostenible y eficaz. Ya sea un trote diario, una clase de fitness o entrenamiento en casa, encontrar formas divertidas y variadas de ejercicio contribuye no sólo a tener un abdomen plano sino también a una vitalidad general.

Más allá del ejercicio estructurado, incorporar el movimiento a la vida diaria es igualmente importante. Hábitos simples como subir escaleras, caminar en lugar de conducir distancias cortas o estirarse durante los descansos pueden contribuir colectivamente a una mayor actividad física. Adoptar un estilo de vida que priorice el movimiento respalda los procesos naturales del cuerpo y complementa otros esfuerzos para lograr un abdomen plano.

## Dieta equilibrada para reducir la grasa abdominal

La dieta juega un papel fundamental en la búsqueda de un abdomen plano y el énfasis va más allá del mero recuento de calorías. Adoptar una dieta equilibrada y nutritiva contribuye al control sostenible del peso y a la reducción de la grasa abdominal. A continuación se presentan consideraciones clave para elaborar una dieta que conduzca a la reducción de la grasa abdominal:

- **Enfatice los alimentos integrales:** La incorporación de alimentos integrales y ricos en nutrientes a la dieta proporciona vitaminas, minerales y fibra esenciales. Las frutas, verduras, cereales integrales, proteínas magras y grasas saludables contribuyen a la saciedad y favorecen la salud general. La fibra, en particular, ayuda a la digestión y ayuda a prevenir el estreñimiento, reduciendo la probabilidad de hinchazón.

- **Alimentación consciente:** Practicar una alimentación consciente implica prestar atención a las señales de hambre y saciedad, saborear los sabores de los alimentos y evitar distracciones durante las comidas. Este enfoque fomenta una relación saludable con la comida, promueve una mejor digestión y evita comer en exceso.

- **Control de porciones:** Si bien la calidad de los alimentos es crucial, gestionar el tamaño de las porciones es igualmente importante. Ser consciente del control de las porciones ayuda a regular la ingesta de calorías y previene el consumo excesivo. Utilizar platos más pequeños, medir las porciones y prestar atención a las señales de hambre contribuyen a un control eficaz de las porciones.

- **Hidratación:** Mantenerse bien hidratado es un aspecto simple pero poderoso de una dieta equilibrada. El agua favorece la digestión, ayuda a mantener la sensación de saciedad y contribuye a las funciones metabólicas generales. Optar por el agua como bebida principal en lugar de bebidas azucaradas o cafeína excesiva favorece tanto la hidratación como la reducción de la grasa abdominal.

- **Limite los azúcares añadidos y los alimentos procesados:** El consumo excesivo de azúcares añadidos y alimentos altamente procesados contribuye a la inflamación y al aumento de peso, particularmente en la región abdominal. Minimizar la ingesta de refrigerios azucarados, refrescos y alimentos procesados ayuda a crear una dieta centrada en alimentos integrales ricos en nutrientes.

- **Incluya grasas saludables:** La incorporación de fuentes de grasas saludables, como aguacates, nueces, semillas y aceite de oliva, favorece la salud y la saciedad en general. Las grasas saludables contribuyen a la sensación de saciedad y proporcionan una fuente constante de energía, lo que reduce la probabilidad de comer en exceso.

Adoptar una dieta equilibrada no se trata de restricciones estrictas, sino más bien de tomar decisiones sostenibles e informadas que se alineen con las preferencias individuales y los objetivos de salud. Trabajar con un dietista registrado o un profesional de la nutrición puede brindar orientación personalizada basada en las necesidades individuales y garantizar un enfoque integral para la reducción de la grasa abdominal.

## Manejo del estrés para un abdomen sano

El estrés, un aspecto omnipresente de la vida moderna, influye significativamente en el bienestar físico y mental, incluida la apariencia del abdomen. El estrés crónico desencadena la liberación de cortisol, una hormona asociada con la respuesta de "lucha o huida" del cuerpo. Los niveles elevados de cortisol, con el tiempo, contribuyen a la acumulación de grasa visceral, particularmente alrededor del área abdominal.

Por lo tanto, controlar el estrés es un componente vital para cultivar un abdomen saludable. Incorporar prácticas para reducir el estrés en la vida diaria contribuye no sólo a la reducción de la grasa abdominal sino también al bienestar mental y emocional general. Aquí hay estrategias efectivas para el manejo del estrés:

- **Atención plena y meditación:** Las prácticas de atención plena, que incluyen la meditación y los ejercicios de respiración profunda, promueven la relajación y ayudan a mitigar el impacto del estrés en el cuerpo. Estas prácticas fomentan la conciencia del momento presente, fomentando una sensación de calma y reduciendo los niveles de cortisol.

- **Actividad física regular:** El ejercicio, más allá de sus beneficios físicos, sirve como una poderosa herramienta para controlar el estrés. Realizar actividad física con regularidad ayuda a liberar endorfinas, los calmantes naturales del estrés del cuerpo. Ya sea una caminata rápida, una sesión de yoga o una rutina de ejercicios, la actividad física contribuye a una respuesta equilibrada y resistente al estrés.

- **Sueño adecuado:** Priorizar un sueño de calidad es fundamental para controlar el estrés. La falta de sueño puede alterar el equilibrio hormonal, incluida la regulación del cortisol, lo que provoca un aumento de los niveles de estrés. Establecer patrones de sueño consistentes y crear un ambiente propicio para dormir contribuyen al bienestar general.

- **Conexión social:** Construir y mantener conexiones sociales brinda apoyo emocional y sirve como amortiguador contra el estrés. Ya sea a través de amistades, relaciones familiares o participación comunitaria, fomentar las conexiones sociales contribuye a un sentido de pertenencia y resiliencia frente a los factores estresantes.

- **Gestión del tiempo y priorización:** La gestión eficaz del tiempo y el establecimiento de prioridades realistas contribuyen a reducir el estrés. Dividir las tareas en pasos manejables, establecer límites y aprender a decir no cuando sea necesario previene el estrés abrumador y crea un estilo de vida más equilibrado.

- **Pasatiempos y actividades de relajación:** Participar en pasatiempos y actividades que brinden alegría y relajación es un aspecto esencial del manejo del estrés. Ya sea leer, hacer jardinería, arte o pasar tiempo en la naturaleza, estas actividades brindan un alivio de los factores estresantes y contribuyen al bienestar general.

Comprender la interconexión del estrés y un abdomen saludable resalta la importancia de cultivar un enfoque holístico del bienestar. La implementación de prácticas de manejo del estrés no solo favorece la reducción de la grasa abdominal, sino que también contribuye a mejorar la resiliencia, el equilibrio emocional y una vida más vibrante.

# Capítulo 6

# Recetas y remedios herbarios

## Recetas de hierbas saludables y deliciosas

En el camino hacia un abdomen plano y un bienestar general, el papel de la nutrición ocupa un lugar central. La incorporación de remedios a base de hierbas en recetas deliciosas y nutritivas no sólo mejora el sabor sino que también proporciona un enfoque holístico para apoyar la salud digestiva. La siguiente sección explora una variedad de recetas a base de hierbas deliciosas y saludables, mostrando la versatilidad de las hierbas para mejorar la experiencia culinaria y al mismo tiempo contribuir a tener un abdomen plano.

**Ensalada de quinua con infusión de hierbas:**
Comience con una base de quinua esponjosa, un grano rico en proteínas que constituye la base de esta vibrante ensalada. Agregue una mezcla de hierbas frescas como perejil, cilantro y menta para darle al plato una explosión de sabor y beneficios

nutricionales. Agregue vegetales coloridos como tomates cherry, pepino y pimientos morrones para darle más textura y vitaminas. Viste la ensalada con una vinagreta ligera con aceite de oliva, jugo de limón y un toque de tus hierbas favoritas como orégano y tomillo. Esta ensalada de quinua con infusión de hierbas no solo satisface el paladar sino que también brinda una opción nutritiva repleta de nutrientes esenciales.

**Tazón de Zoodle de albahaca y tomate:**
Adopte la tendencia de los fideos vegetales, o "zoodles", haciendo espirales de calabacín para crear una alternativa de fideos ligera y refrescante. En esta receta, la esencia aromática de la albahaca ocupa un lugar central, realzando los zoodles con su sabor distintivo. Mezcle los zoodles con tomates cherry, ajo y un chorrito de aceite de oliva. Termina el plato con una pizca de queso parmesano y un toque de hojas de albahaca fresca. Este tazón de zoodle bajo en carbohidratos y centrado en hierbas no solo es visualmente atractivo sino también una forma deliciosa de incorporar los beneficios de la albahaca en una comida satisfactoria.

**Ensalada de menta, sandía y queso feta:**

Aproveche las propiedades refrescantes de la menta en una ensalada de sandía y queso feta inspirada en el verano. Corte la sandía madura en cubos y combínela con queso feta desmenuzado para obtener un contraste dulce y salado. La adición de hojas de menta fresca picadas realza los sabores y proporciona una sensación refrescante. Un chorrito de glaseado balsámico o una pizca de pimienta negra pueden realzar aún más el sabor. Esta ensalada de menta, sandía y queso feta ofrece una opción hidratante y con infusión de hierbas que se puede disfrutar como comida ligera o guarnición refrescante.

**Pollo Asado Al Romero Y Limón:**
Realza el pollo a la parrilla con la combinación aromática de romero y limón. Marina las pechugas de pollo con una mezcla de romero fresco, ajo picado, ralladura de limón y aceite de oliva. Deje que los sabores se mezclen antes de asarlos a la perfección. El resultado es un pollo asado sabroso y con hierbas que combina bien con una variedad de acompañamientos. Ya sea servido con verduras asadas, una ensalada de quinua o una simple ensalada verde, este pollo asado con romero y limón

agrega una explosión de bondades herbales al componente proteico de una comida equilibrada.

Estas recetas muestran la versatilidad de las hierbas para mejorar la experiencia culinaria y al mismo tiempo contribuir a tener un abdomen plano. Experimentar con diferentes combinaciones de hierbas permite a las personas adaptar recetas a sus preferencias y necesidades nutricionales. Ya sea que busque una ensalada ligera y refrescante, un sabroso tazón de zoodle o una sabrosa proteína asada, incorporar hierbas a las comidas diarias puede ser una opción deliciosa y saludable.

## Remedios herbales caseros para el abdomen plano

Además de infundir hierbas en creaciones culinarias, los remedios herbales de bricolaje ofrecen un enfoque más directo y concentrado para aprovechar las propiedades terapéuticas de las hierbas para promover un abdomen plano. Estos remedios se pueden preparar fácilmente en casa, lo que permite a las personas desempeñar un papel activo en su viaje de bienestar. La siguiente sección explora varios remedios herbales caseros, cada uno de ellos diseñado para abordar aspectos específicos de la salud digestiva y contribuir a lograr un estómago más plano.

**Infusión de menta para el confort digestivo:**

La menta, con su compuesto mentol, es conocida por su capacidad para calmar el tracto digestivo y aliviar los síntomas de indigestión, hinchazón y gases. Crear una infusión de menta es un remedio casero sencillo pero eficaz. Remoje un puñado de hojas frescas de menta o una cucharadita de menta seca en agua caliente. Déjelo en infusión durante varios minutos y luego cuele las hojas. La infusión de menta resultante se puede tomar después de las comidas o durante momentos de malestar digestivo para promover el confort digestivo y reducir la hinchazón.

**Elixir de jengibre y limón para estimular el metabolismo:**

El jengibre, famoso por sus propiedades antiinflamatorias y estimulantes del metabolismo, combina a la perfección con el toque cítrico del limón en un elixir casero. Ralla jengibre fresco y combínalo con jugo de limón recién exprimido en un vaso de agua tibia. Opcionalmente, agregue un chorrito de miel para darle dulzura. Este elixir de jengibre y limón sirve como una bebida revitalizante y tonificante que no sólo ayuda en la digestión sino que también apoya las funciones metabólicas. Consumirlo por la mañana o antes de las comidas puede ser un ritual refrescante para empezar el día.

**Leche dorada de cúrcuma para apoyo antiinflamatorio:**

La cúrcuma, apreciada por su compuesto activo curcumina con propiedades antiinflamatorias, constituye la base de la conocida leche dorada. En una cacerola, combine la cúrcuma en polvo con leche de coco o cualquier alternativa láctea preferida. Agrega una pizca de pimienta negra para mejorar la absorción de la curcumina. Endulza la leche dorada con un toque de miel o jarabe de arce, y calienta la mezcla hasta que esté tibia. Esta leche dorada de cúrcuma casera ofrece una bebida reconfortante y antiinflamatoria que se puede disfrutar por la noche como un relajante ritual antes de acostarse.

**Infusión de semillas de hinojo para facilitar la digestión:**

Las semillas de hinojo, conocidas por sus propiedades carminativas que ayudan a aliviar los gases y la hinchazón, se pueden transformar en una infusión digestiva. Tritura una cucharada de semillas de hinojo y déjalas reposar en agua caliente. Deje que las semillas se infundan durante unos 10 minutos antes de colarlas. Esta infusión de semillas de hinojo se puede consumir como té caliente después de las comidas para favorecer la facilidad digestiva. El suave sabor a regaliz añade un toque agradable a la infusión, haciéndola calmante y beneficiosa para la salud digestiva.

**Agua con miel y canela para equilibrar el azúcar en la sangre:**

La canela, con su potencial para mejorar la sensibilidad a la insulina, se puede incorporar a un remedio casero para favorecer el equilibrio del azúcar en sangre. Mezcle una cucharadita de canela en polvo con agua tibia y agregue una cucharadita de miel para darle dulzura. Revuelve bien la mezcla y consúmela regularmente. Esta agua de miel y canela proporciona una forma sabrosa y natural de incorporar las propiedades de la canela reguladoras del azúcar en sangre en las rutinas diarias.

Estos remedios herbales caseros ofrecen formas accesibles y prácticas de aprovechar los beneficios de las hierbas para la salud digestiva y un abdomen plano. La integración de estos remedios en las rutinas diarias permite a las personas tomar medidas proactivas para apoyar su bienestar. Es importante tener en cuenta que las respuestas individuales a las hierbas pueden variar, y es recomendable consultar con profesionales de la salud o herbolarios, especialmente para aquellos con problemas o problemas de salud preexistentes.

## Incorporar hierbas en las comidas diarias

Más allá de recetas y remedios a base de hierbas específicos, la integración perfecta de hierbas en las comidas diarias agrega profundidad de sabor, beneficios nutricionales y un toque de bondad herbal a una variedad de platos. Este enfoque permite a las personas cosechar los beneficios de las hierbas de una manera sostenible y agradable. A continuación se muestran formas creativas de incorporar hierbas en las comidas diarias:

**Aceites y aderezos con infusión de hierbas:**
Cree aceites y aderezos con infusión de hierbas combinando hierbas frescas o secas con aceite de oliva u otros aceites preferidos. Utilice estos aceites infundidos como base para aderezos para ensaladas, rocíelos sobre verduras asadas o incorpórelos en adobos para carnes. La albahaca, el tomillo, el romero y el orégano son excelentes opciones para hacer infusiones de aceites, añadiendo una explosión de sabor a hierbas a varios platos.

**Hierbas frescas en sopas y guisos:**
Eleve el perfil de sabor de sopas y guisos agregando un puñado de hierbas frescas durante el proceso de cocción. Ya sea perejil en una sopa de pollo, cilantro en un guiso de lentejas o eneldo en un caldo de verduras, las hierbas frescas aportan frescura y vitalidad al plato. Considere agregar hierbas hacia el final del tiempo de cocción para conservar sus delicados sabores.

**Aguas con infusión de hierbas y tés helados:**
Manténgase hidratado con aguas con infusión de hierbas o tés helados. Experimente con combinaciones como pepino y menta, limón y albahaca o romero y bayas. Deje que las hierbas se

infundan en agua fría o té para obtener una bebida refrescante que no sólo sacia la sed sino que también proporciona un sutil toque herbal.

**Guarniciones de hierbas para un atractivo visual:** Mejore el atractivo visual de los platos utilizando guarniciones de hierbas frescas. Espolvoree cilantro picado sobre los tacos, agregue una ramita de tomillo a las verduras asadas o esparza hojas de albahaca sobre una ensalada caprese. Las guarniciones de hierbas no sólo contribuyen a la estética sino que también ofrecen una explosión de sabor que eleva la experiencia gastronómica general.

**Infusiones de Hierbas en Granos y Legumbres:** Infunda granos y legumbres con bondades herbales agregando hierbas frescas o secas durante el proceso de cocción. Por ejemplo, agregue eneldo picado a la quinua cocida, agregue romero a una olla con lentejas hirviendo o mezcle tomillo con arroz. Esta simple adición imparte matices herbáceos a los ingredientes básicos, transformándolos en componentes sabrosos y aromáticos de una comida.

Incorporar hierbas a las comidas diarias es una aventura culinaria que añade valor nutricional y deleite sensorial. Ya sea a través de infusiones, guarniciones o aplicaciones creativas en la cocina, las hierbas pueden convertirse en componentes integrales de una dieta completa y sabrosa. Este enfoque permite a las personas integrar sin esfuerzo los beneficios de las hierbas en su repertorio culinario, contribuyendo tanto a la satisfacción del paladar como al bienestar general.

# Capítulo 7

# Mantener resultados a largo plazo

Mantener un abdomen plano no se trata sólo de remedios a corto plazo; Implica establecer hábitos sostenibles que contribuyan al bienestar general.

## Estableciendo hábitos sostenibles

La base para mantener resultados a largo plazo radica en el establecimiento de hábitos sostenibles que se alineen con los estilos de vida y preferencias individuales. Las dietas estrictas o los regímenes de ejercicio extremos pueden ofrecer soluciones rápidas, pero a menudo resultan insostenibles a largo plazo. Los hábitos sostenibles, por otro lado, son aquellos que pueden integrarse perfectamente en la vida diaria, promoviendo la coherencia y el progreso gradual.

Un aspecto clave de los hábitos sostenibles es el cultivo de una dieta equilibrada y variada. En lugar de seguir dietas restrictivas, las personas pueden concentrarse en incorporar alimentos ricos en nutrientes, incluida una amplia gama de frutas, verduras, cereales integrales, proteínas magras y grasas saludables. Adoptar la moderación y la atención plena al comer fomenta una relación saludable con la comida y previene el ciclo de restricciones extremas seguidas de excesos.

La actividad física regular es otro pilar de los hábitos sostenibles para mantener un abdomen plano. En lugar de ver el ejercicio como un esfuerzo temporal para perder peso, debe adoptarse como un compromiso de por vida con la salud general. Encontrar formas agradables de ejercicio, ya sea caminar, nadar, bailar o practicar yoga, garantiza que las personas tengan más probabilidades de cumplir con sus rutinas de ejercicios a largo plazo.

El manejo adecuado del sueño y el estrés también desempeñan un papel crucial para mantener resultados positivos. Dar prioridad a un sueño de calidad favorece el bienestar general, incluido el equilibrio hormonal y el metabolismo. El estrés, si no se controla, puede contribuir a la acumulación de grasa visceral. Adoptar prácticas para reducir el estrés, como la atención plena, la meditación o dedicarse a pasatiempos, contribuye a un enfoque de la vida más equilibrado y resiliente.

## Seguimiento del progreso y ajuste del enfoque

Mantener resultados a largo plazo requiere conciencia del progreso y voluntad de ajustar los enfoques en función de las respuestas individuales. El seguimiento del progreso implica algo más que controlar el peso; abarca varios indicadores, como cambios en los niveles de energía, estado de ánimo y bienestar general. Llevar un diario o utilizar aplicaciones para registrar comidas, rutinas de ejercicio y estados emocionales proporciona información valiosa sobre patrones y tendencias.

Al realizar un seguimiento del progreso, es esencial abordarlo con una perspectiva holística. Si bien los cambios visibles en la composición corporal son significativos, también se deben reconocer las victorias fuera de escala, como una mejor digestión, un aumento de la energía y un mejor estado de ánimo. Celebrar estas victorias refuerza el impacto positivo de los cambios en el estilo de vida y motiva a las personas a mantenerse comprometidas con sus objetivos a largo plazo.

Ajustar el enfoque implica flexibilidad y adaptabilidad. Los cuerpos responden de manera diferente a distintas intervenciones, y lo que funciona para una persona puede no serlo para otra. Si una rutina de ejercicios particular se vuelve monótona o un enfoque dietético parece restrictivo, puede que sea el momento de explorar alternativas. La clave es escuchar las señales del cuerpo y hacer ajustes que se alineen con las necesidades y preferencias individuales.

La reevaluación periódica de los objetivos es una práctica valiosa para mantener resultados a largo plazo. A medida que los individuos evolucionan, también lo hacen sus prioridades y aspiraciones. Ajustar los objetivos para reflejar las circunstancias cambiantes garantiza que la búsqueda de un abdomen plano siga siendo relevante y alineada con el bienestar general. Ya sea que se trate de establecer nuevos desafíos de acondicionamiento físico, explorar diferentes tipos de actividades físicas o ajustar las opciones dietéticas, adaptar los objetivos contribuye a una motivación sostenida.

# Mantenimiento a base de hierbas para un abdomen plano duradero

Las hierbas, con sus diversas propiedades terapéuticas, pueden desempeñar un papel integral en el mantenimiento de un abdomen plano duradero. Integrar el mantenimiento a base de hierbas implica incorporar hierbas a las rutinas diarias para apoyar la salud digestiva, el metabolismo y el bienestar general. Las siguientes hierbas son particularmente notables por su contribución al mantenimiento de un abdomen plano:

**Hinojo:** Conocido por sus propiedades carminativas, el hinojo favorece la digestión y ayuda a aliviar la hinchazón. Beber té de hinojo después de las comidas puede ser una forma sencilla y eficaz de incorporar esta hierba a la rutina diaria.

**Diente de león:** Utilizado a menudo como diurético suave, el diente de león puede ayudar a reducir la retención de agua y favorecer la salud del hígado. El té de diente de león o la incorporación de hojas de diente de león en las ensaladas son formas de beneficiarse de este aliado herbal.

**Jengibre:** Reconocido por sus beneficios antiinflamatorios y digestivos, el jengibre se puede consumir en varias formas. Ya sea en té, rallado en platos o en forma de suplemento, el jengibre favorece el confort digestivo y el bienestar general.

**Cúrcuma:** El compuesto activo curcumina de la cúrcuma tiene propiedades antiinflamatorias. Incluir cúrcuma en la cocina, preparar leche dorada con infusión de cúrcuma o tomar suplementos de cúrcuma contribuye a una respuesta inflamatoria saludable y favorece la salud digestiva.

**Menta:** Con su compuesto mentol, la menta ayuda a relajar los músculos del tracto gastrointestinal, reduciendo los espasmos y aliviando los síntomas de la indigestión. El té de menta o agregar hojas frescas de menta a los platos son formas deliciosas de disfrutar esta hierba.

**Canela:** Conocida por su potencial para regular los niveles de azúcar en sangre, la canela se puede incorporar a varias recetas. Espolvorear canela sobre la avena, agregarla a batidos o disfrutarla en infusiones de hierbas contribuye al equilibrio del azúcar en sangre.

La incorporación de estas hierbas a la vida diaria no sólo mejora el sabor de las comidas y bebidas, sino que también brinda apoyo continuo para la salud digestiva. Crear rutinas a base de hierbas, como disfrutar de una taza de té de hierbas después de las comidas o experimentar con recetas con infusiones de hierbas, contribuye al mantenimiento general de un abdomen plano.

# Conclusión

Adoptar un estilo de vida más saludable es un viaje transformador que se extiende más allá de la búsqueda de un abdomen plano: es un compromiso con el bienestar y la vitalidad generales. Al emprender este camino, recuerde que cada elección positiva, por pequeña que sea, contribuye a una vida más sana y plena.

Celebre sus victorias, tanto visibles como invisibles. Ya sea la energía obtenida de una comida nutritiva, la alegría de una rutina de ejercicios favorita o el nuevo sentido de equilibrio al manejar el estrés, estos son los pilares de una persona más saludable. Reconozca el viaje como una serie de pasos, cada uno de los cuales lo acercará más al bienestar sostenido.

En momentos de desafío, recuerda la resiliencia que llevas dentro. Ajuste su enfoque con amabilidad y comprensión, reconociendo que el crecimiento a menudo implica tanto progreso como retrocesos. Cultivar una mentalidad que valore el viaje tanto como el destino, encontrando alegría en los hábitos diarios que contribuyen a una vida más saludable y vibrante.

Rodéate de una comunidad que te apoye, ya sean amigos, familiares o personas con ideas afines en un viaje similar. Comparta experiencias, busque aliento y ofrezca apoyo. La energía colectiva de una red de apoyo puede ser un poderoso catalizador para un cambio positivo.

A medida que incorpora remedios a base de hierbas, opciones nutritivas y prácticas conscientes en su vida diaria, permita que se conviertan en partes integrales de un estilo de vida holístico y sostenible. Aprecie los momentos de cuidado personal, saboree los sabores de los alimentos nutritivos y disfrute de los vigorizantes beneficios del movimiento. Permita que estos elementos no sólo contribuyan a tener un abdomen plano sino que también forjen una vida rica en vitalidad y bienestar.

Encuentre estímulo para continuar adoptando el camino hacia un estilo de vida más saludable, uno que se extienda más allá de la apariencia física para abarcar el tapiz holístico de su bienestar. Su compromiso con la salud es un regalo para usted mismo y con cada elección intencional, está esculpiendo un futuro lleno de vitalidad, equilibrio y bienestar duradero. Que tu camino esté lleno de crecimiento continuo, amor propio y las florecientes recompensas de una persona más sana y feliz.